Christopher Jakubiec

Wirtschaftliches Potential von biobasierten Werkstoffen in Österreich

Bibliografische Information der Deutschen Nationalbibliothek:

Bibliografische Information der Deutschen Nationalbibliothek: Die Deutsche Bibliothek verzeichnet diese Publikation in der Deutschen Nationalbibliografie; detaillierte bibliografische Daten sind im Internet über http://dnb.d-nb.de/ abrufbar.

Copyright © 2016 Diplomica Verlag GmbH
Druck und Bindung: Books on Demand GmbH, Norderstedt Germany
ISBN: 978-3-95636-986-5

http://www.diplom.de/...ntial-von-biobasierten-werkstoffen-in-oesterr...

Christopher Jakubiec

Wirtschaftliches Potential von biobasierten Werkstoffen in Österreich

Kurzfassung

Seit der industriellen Produktion haben sich Kunststoffe als Werkstoffe mit großem Einsatzbereich etabliert. Die umfangreichen technischen Eigenschaften, die exzellente Automatisierbarkeit in der Herstellung sowie die variablen Einsatzmöglichkeiten der einzelnen Kunststoffarten sind der Grund für die stetig wachsende Nachfrage und somit für ein wachsendes Produktionsvolumen. Im Zeitraum von 5 Jahren (2009-2014) ist die weltweite Produktion von Kunststoffen um etwa 24% angestiegen wobei festzuhalten bleibt, dass einzig und allein in Europa der Bedarf an petrochemischen Kunststoffen rückläufig ist. Aus heutiger Sicht werden Kunststoffe vorwiegend auf Erdölbasis hergestellt. In Europa fließen derzeit 4-6% des gewonnen Erdöls in die Kunststoffindustrie [1]. Aufgrund des Schwindens von fossilen Ressourcen sowie der schlechten Abbaubarkeit von petrochemischen Kunststoffen wird nach Alternativen in der Kunststoffproduktion geforscht. Derzeit finden sich Biopolymere als beste Alternative in der Industrie wieder. Der große Vorteil dieser Kunststoffe ist nicht nur der Fakt, dass diese auf Pflanzenbasis hergestellt werden und biologisch abbaubar sind, sondern auch der geringere Umrüstungsaufwand in der maschinellen Produktion. Die Bedeutung von Biopolymeren nimmt aufgrund ihrer beinahe identen technischen Eigenschaften vermehrt branchenübergreifend zu. Abseits der positiven Eigenschaften werden Biopolymere vor allem aufgrund ihrer Nachhaltigkeit immer wieder stark öffentlich beworben. Es stellt sich die Frage, wie die Zukunft von Biopolymeren im großen Markt (311 Mio. Tonnen Produktionsvolumen von Kunststoffen 2014) [1] aussieht, wie Konsumenten die wirtschaftliche Position sehen und aus welcher Motivation ein Umstieg erfolgen könnte.

Schlagwörter: Kunststoffe, Biopolymere, Nachhaltigkeit, fossile Rohstoffe, Kunststoffindustrie, abbaubar, kompostierbar

Abstract

Since the beginning of industrial production sites, plastics have been established as a material with a wide range of possible applications. The wide broadband of technical features, the excellent possibilities in automated manufacturing as well as the variable application are the reason for the constantly growing demand of this material. In a period of 5 years (2009-2014) the global production of plastics has risen by about 24% worldwide. Only in Europe the demand is slightly declining. 4-6% of Europe's oil is currently flowing into the plastic industry. Due to the shrinkage of fossil resources as well as the non-degradability of petrochemical plastics alternatives are being researched. Currently, biopolymers are the best alternative for the industry. The advantage of biopolymers is not only the fact that they are based on renewable resources and biodegradable, but also that they can be processed on the same industrial machines as petrochemical plastics. The importance of biopolymers rises as they have nearly identical technical features as petrochemical plastics. Aside the technical aspects biopolymers are advertised mainly due to their sustainability to the publicity. This paper focuses on the question how biopolymers will be accepted by consumers and what it needs to increase their market share.

Keywords: Plastics, biopolymers, sustainability, renewable resource, plastics, biodegradable, compostable

Danksagung

Ich möchte mich an dieser Stelle bei allen bedanken, die mich bei und während dieser Bachelor-Arbeit unterstützt haben.

Ganz besonders gilt dieser Dank meiner Lebensgefährtin Katharina Christina Gasparin, BA, die mich durchgehend motiviert hat. Ihre moralische Unterstützung und Motivation waren unschlagbar. In zahlreichen Stunden hat sie meine Arbeit Korrektur gelesen und konnte als Fachfremde immer wieder aufzeigen, wo noch Erklärungsbedarf besteht. Sie hat mich dazu gebracht, über meine Grenzen hinaus zu denken. Vielen Dank für deine Geduld und Mühen.

Nicht zuletzt gebührt mein Dank meinem Betreuer Herrn DI Dr. Maximilian Lackner MBA, der mir äußerst geduldig immer zur Seite stand.

Inhaltsverzeichnis

1   Aufgabenstellung und Zielsetzung 7

1.1   Aufgabenstellung 7

1.2   Zielsetzung 7

1.3   Forschungsfragen 7

1.4   Vorgehensweise / Methodik 8

2   Polymere 8

2.1   Synthetische Polymerwerkstoffe 8

    2.1.1   Polyethylen (PE) 9

    2.1.2   Polypropylen (PP) 12

    2.1.3   Polyvinylchlorid (PVC) 14

2.2   Biobasierte Polymerwerkstoffe 16

    2.2.1   Polylactide (PLA) 17

    2.2.2   Thermoplastische Stärke (TPS) 19

    2.2.3   Celluloseacetat (CA) 21

3   Vergleich der Polymerarten 22

3.1   Technische Eigenschaften 22

3.2   Vergleich der Einkaufskosten 23

3.3   SWOT Analyse 24

4   Empirische Befragung 24

4.1   Erstellen der Umfrage 24

4.2   Auswertung der Befragung 28

5   Ergebnisse und Diskussion der Befragung 31

5.1   Ermittlung des Bekanntheitsgrades und des Verständnisses von Biokunststoffen 31

5.2   Ermittlung des Konsumverhaltens 33

6   Schlusswort 37

Literaturverzeichnis 39

Abbildungsverzeichnis 41

Tabellenverzeichnis 42

Abkürzungsverzeichnis 43

1 Aufgabenstellung und Zielsetzung

1.1 Aufgabenstellung

In der vorliegenden Bachelorarbeit wird in erster Linie ein Vergleich zwischen ausgewählten petrochemischen Polymerwerkstoffen sowie biobasierten Polymerwerkstoffen durchgeführt. Dafür werden zu Beginn der Arbeit die einzelnen Polymerwerkstoffe vorgestellt.

Im nächsten Teil der Arbeit werden ein Vergleich der technischen Eigenschaften der Polymerwerkstoffe sowie ihre Einsatzgebiete beschrieben um festzustellen, ob es grundlegende Unterscheidungsmerkmale zwischen petrochemischen und biobasierten Kunststoffen gibt. Des Weiteren werden mithilfe einer empirischen Befragung der Bekanntheitsgrad von Biokunststoffen sowie die wichtigsten Faktoren für die wirtschaftlichen Aussichten am Markt in Österreich aufgezeigt.

Für die Befragung muss eine angemessene Anzahl von mindestens 60 Personen betrachtet werden, um ein aussagekräftiges Ergebnis zu erhalten. Die Auswertung der Daten erfolgt systematisch, um das Verhindern von Fehlern zu gewährleisten.

1.2 Zielsetzung

Durch die Aufgabenstellung lassen sich für die vorliegende Bachelorarbeit folgende Ziele definieren:

I.   Analyse und Darstellung der ausgewählten Polymerwerkstoffe sowie die Vermittlung von Hintergrundwissen.
II. Vergleich zwischen petrochemischen und biobasierten Polymerwerkstoffen schaffen, um zu erkennen, in welchen Faktoren sich diese aus technischer Sicht unterscheiden.
III. Mittels einer empirischen Befragung soll der Bekanntheitsgrad von Biokunststoffen sowie die für den Konsumenten relevanten Faktoren festgestellt werden. Durch die Befragung soll hervorgehen, durch welche Voraussetzungen Biokunststoffe am Markt wirtschaftlich erfolgreich etabliert werden können.

1.3 Forschungsfragen

I.   Wie unterscheiden sich Biopolymere technisch betrachtet von petrochemisch hergestellten Kunststoffen?

II.   Wie hoch sind der aktuelle Bekanntheitsgrad sowie die Akzeptanz am österreichischen Markt?

III.   Wie ist der zukünftige wirtschaftliche Ausblick von Biopolymeren in Österreich?

1.4 Vorgehensweise / Methodik

Mithilfe von Literaturquellen sowie ausgewählten Online-Quellen werden die Polymerwerkstoffe analysiert. Anhand dieser Informationen werden die grundlegenden Unterscheidungsmerkmale zwischen petrochemisch und biobasiert hergestellten Kunststoffen verglichen. Mit diesem Teil der Arbeit soll die erste Forschungsfrage beantwortet werden.

Für die empirische Befragung wird ein Fragebogen ausgearbeitet, welcher nach Abschluss der Online-Umfrage systematisch ausgewertet und analysiert wird. Mithilfe dieser Auswertung sollen die letzten zwei Forschungsfragen beantwortet werden.

2 Polymere

Dieses Kapitel erörtert die ausgewählten Polymerwerkstoffe. Es werden die Herstellung, die Werkstoffeigenschaften sowie der wirtschaftliche Marktanteil erläutert. Im Anschluss daran wird ein kurzer direkter Vergleich der technischen Eigenschaften zwischen synthetischen Polymeren und Biopolymeren dargestellt. Polymerisation im Allgemeinen bezeichnet die Erzeugung einer Kettenreaktion zwischen reaktionsfähigen Monomeren und eine daraufhin fadenförmige Aneinanderreihung dieser. Um diese Reaktion hervorzurufen, werden Katalysatoren eingesetzt. [2], S. 77

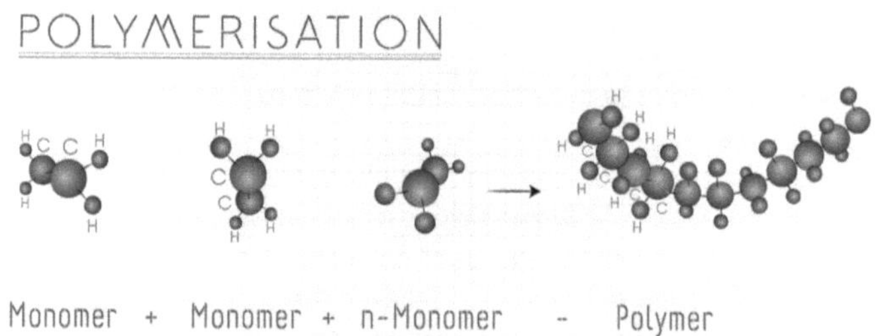

Abbildung 1: Schema der Polymerisation (Quelle: Eigene Darstellung)

2.1 Synthetische Polymerwerkstoffe

Im Vergleich zu anderen Werkstoffen wie Metalle, Keramiken oder Hölzer, handelt es sich bei synthetischen Polymerwerkstoffen um künstlich hergestellte Materialien. Zu Beginn der

Produktion von Kunststoffen wurden diese noch aus Naturprodukten wie Zellulose oder Kautschuke gewonnen. Durch den erhöhten Bedarf an Kunststoffen ist Erdöl heutzutage der Hauptrohstoff für deren Herstellung. Die nahezu unendlichen Möglichkeiten, die Materialeigenschaften im Zuge der Herstellung anzupassen, verhalfen den Werkstoffen zum Einzug in nahezu alle Technologiebereiche. [2], S. 76

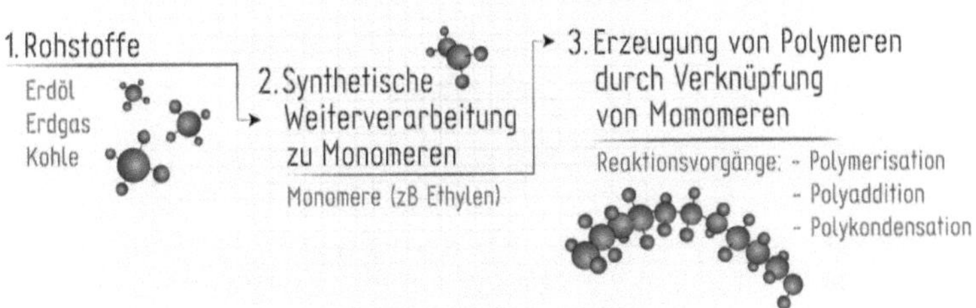

Abbildung 2: Kunststoffherstellung (Quelle: Eigene Darstellung)

2.1.1 Polyethylen (PE)

Einleitung

Als industriell am häufigsten hergestellter und verwendeter Kunststoff hat sich Polyethylen am industriellen Markt etabliert. Je nach Herstellungsmethode kann Polyethylen entweder als LDPE (low density PE) oder HDPE (high density PE) produziert werden. Die Anwendungsbereiche von PE sind breit gefächert und reichen über alltägliche Gegenstände wie Verpackungsmaterial, bis hin zu Tonnen, Rohren und Kabelisolierungen. [3]

Herstellung

Durch die Polymerisation von Ethylengas entsteht Polyethylen. Wie bereits eingangs erwähnt kann je nach Verfahrenswahl – in Abhängigkeit von Druck und Temperatur – LDPE oder HDPE entstehen. [4]

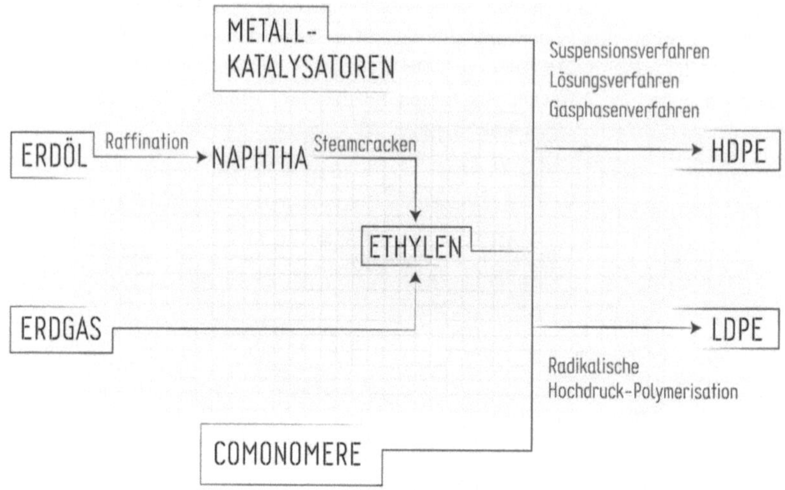

Abbildung 3: Prozesslandkarte Polyethylen (Quelle: Eigene Darstellung)

Die Monomere des Ethylengases stellen eine ungesättigte Kohlenstoffverbindung dar, sodass die Doppelbindungen durch Polymerisation aufbrechen und zu Molekülketten verbunden werden. [3]

Abbildung 4: Polymerisation von Ethen (Quelle: modifiziert übernommen aus [3])

LDPE entsteht bei hohem Druck (1500 bis 3500 bar) sowie bei Temperaturen von 100 °C bis 300 °C. Die Polymerisation erfolgt mittels Radikalstartern. [4]

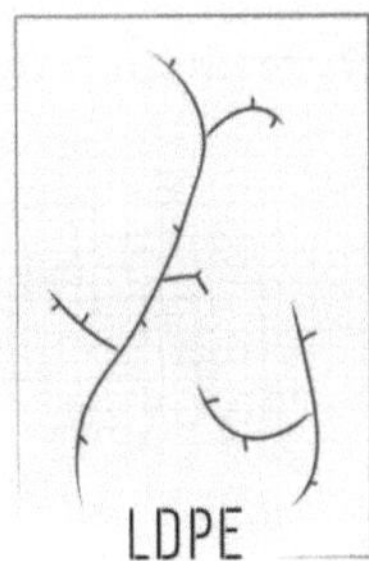

Abbildung 5: Schematische Struktur von LDPE (Quelle: modifiziert übernommen aus [5])

HDPE wird industriell bei geringem Druck (1 bis 50 bar) sowie bei niedriger Temperatur (20 °C bis 150 °C) produziert. [4]

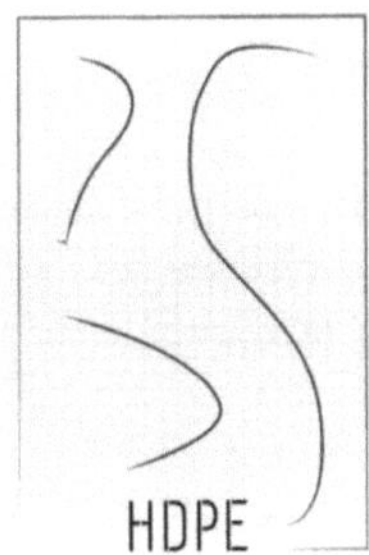

Abbildung 6: Schematische Struktur von HDPE (Quelle: modifiziert übernommen aus [5])

Werkstoffeigenschaften

Polyethylen ist ein Thermoplast, welcher einen hohen Grad an fadenförmigen Molekülen aufweist. Der Aufbau ist teilkristallin und besitzt eine regelmäßige Anordnung. Durch diesen Aufbau weist Polyethylen sehr gute technische Eigenschaften auf. Es ist steif, resistent gegen Wasser sowie Säuren und verfügt über eine hohe Reißdehnung. Der Werkstoff ist zusätzlich ein guter Elektroisolator. [2], S.91

Wirtschaftlicher Marktanteil

Polyethylen ist mit einem Marktanteil von fast 30 % der meist verwendete Kunststoff weltweit. Er ist günstig in der Herstellung und für den Endverbraucher bereits als fertiges Halbzeug oder zur Erstverarbeitung als Pulver oder Granulat erhältlich. [2], S.91

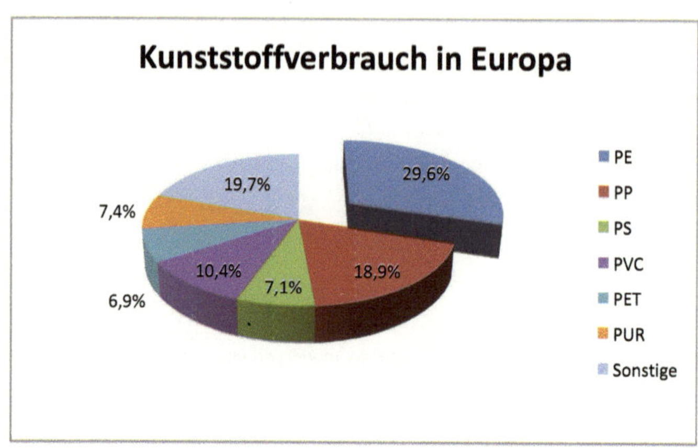

Abbildung 7: Kunststoffverbrauch in Europa (Quelle: modifiziert übernommen aus [7], S16)

2.1.2 Polypropylen (PP)

Einleitung

Polypropylen besitzt sehr ähnliche Eigenschaften wie der soeben vorgestellte Kunststoff HDPE. Es ist jedoch wärmeunempfindlicher und härter. Durch diese Eigenschaften wird es vorzugsweise in der Automobilbranche verwendet. Des Weiteren wird es aufgrund der Wärmebeständigkeit in sehr vielen Haushaltsgeräten verarbeitet. [8]

Herstellung

Für die Polymerisation von Polypropylen ist der Ausgangsstoff immer Propylen. Die Polymerisation kann im Gasphasenverfahren, dem Lösungsverfahren oder dem Suspensionsverfahren erfolgen. [9]

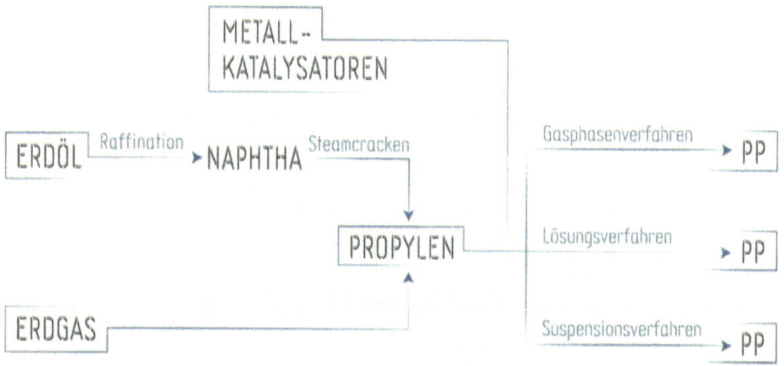

Abbildung 8: Prozesslandkarte Polypropylen (Quelle: Eigene Darstellung)

Die technische Synthese im Gasphasenverfahren erfolgt im Wirbelschichtreaktor bzw. im Wirbelbett unter Druck. Das Gasphasenverfahren ist die gängigste Herstellungsmethode von PP. [10]

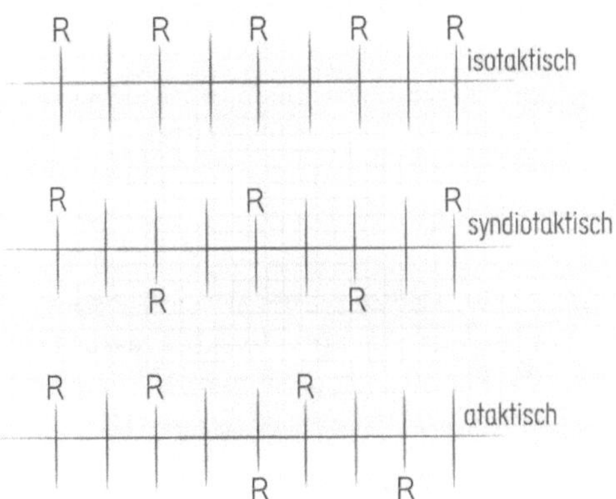

Abbildung 9: Polymerisation von Propen (Quelle: modifiziert übernommen aus [8])

Die räumliche Anordnung der Methylgruppen kann unterschiedlich erfolgen. Es gibt drei Taktarten, wobei jede zu anderen Werkstoffeigenschaften führt. [10] Für die technischen Anwendungen in der Industrie ist vor allem das kristalline isotaktische Polypropylen von Bedeutung. [8]

Abbildung 10: Strukturen von Polypropylen (Quelle: modifiziert übernommen aus [10])

Werkstoffeigenschaften

Die thermoplastischen Eigenschaften von Polypropylen sind wie bereits anfänglich erwähnt ähnlich denen von HDPE. Es gehört ebenso zur Gruppe der Polyolefine. Dank der geringen Dichte ist es jedoch der leichteste der synthetischen Polymerwerkstoffe. Die kristalline Struktur führt zu einer hohen Steifigkeit und Härte. Die Wärmebeständigkeit erlaubt eine Formstabilität von bis zu 110 °C. Die Resistenz gegenüber Chemikalien ist jener von Polyethylen gleich zu stellen. Es ist ebenso ein guter Elektroisolator. [2], S.92

Wirtschaftlicher Marktanteil

Polypropylen ist mit einem Marktanteil von fast 20 % weltweit der Kunststoff mit der zweitwichtigsten Bedeutung. [11], S.87 Es zählt zu den Massenkunststoffen, welche sich durch ihre günstigen Marktpreise und der hohen Verfügbarkeit als Halbzeug oder Rohmaterial (Granulat, Pulver) großer Beliebtheit erfreuen. [2], S.92

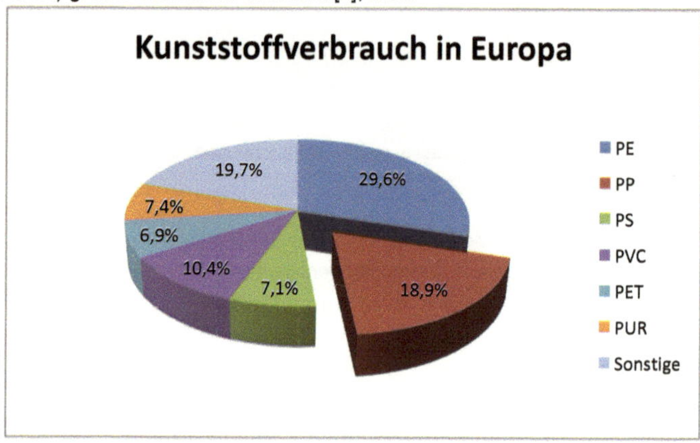

Abbildung 11: Kunststoffverbrauch in Europa (Quelle: modifiziert übernommen aus [7], S16)

2.1.3 Polyvinylchlorid (PVC)

Einleitung

Polyvinylchlorid wird in den unterschiedlichsten Bereichen eingesetzt. Durch Beimischungen unterschiedlicher Additive kann die Elastizität dieses Werkstoffes – und somit sein Einsatzbereich – stark beeinflusst werden. Der Kunststoff ist daher in harter Form als Halbzeug, als auch in weicher Form für Schläuche, Beläge und Ähnliches einsetzbar. [12]

Herstellung

Durch aus Ethen oder Ethan gewonnenes Vinylchlorid erfolgt die Herstellung von Polyvinylchlorid. Chlor wird zu Ethylen addiert und in weiterer Folge mittels Katalysator und Dehydrochlorierung (Abspaltung von HCl) zu Vinylchlorid umgewandelt. [13]

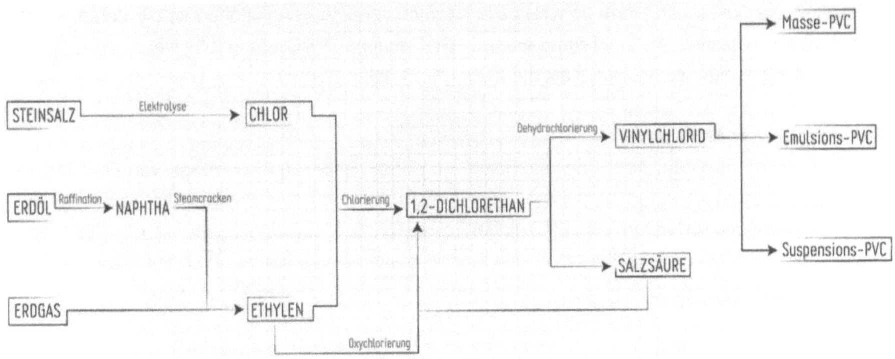

Abbildung 12: Prozesslandkarte Polyvinylchlorid (Quelle: Eigene Darstellung)

Die Grundsubstanz Vinylchlorid wird in der Gasphase durch Dehydrochlorierung gewonnen. Die Synthese erfolgt aus den Stoffen Chlor und Ethen. Das dabei entstehende Nebenprodukt Wasserstoffchlorid wird zusammen mit Sauerstoff zur erneuten Oxychlorierung von Ethylen verwendet und ist somit kein Produktionsabfall. [14]

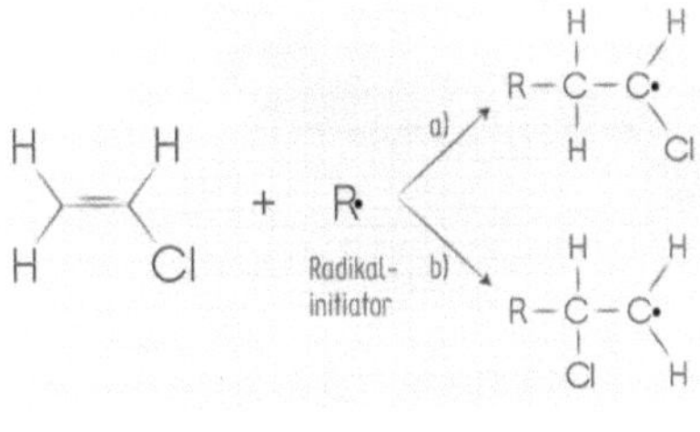

Abbildung 13: Polymerisation von Vinylchlorid (Quelle: modifiziert übernommen aus [12])

Nach erfolgter radikalischer Polymerisation (Emulsions-, Suspensions- oder Massepolymerisation) erhält man das Produkt Roh-PVC. Im anschließenden Prozessschritt wird durch die Zugabe von Additiven (Weichmacher, Farbmittel, Stabilisatoren) aus Roh-PVC das Endprodukt hergestellt. [14]

Werkstoffeigenschaften

Polyvinylchloride weisen eine sehr hohe chemische Beständigkeit auf. Die Möglichkeit der Beimischung von Additiven und Zusatzstoffen ermöglicht eine breite Anwendungspalette. Zusätzlich zu den variablen Werkstoffeigenschaften ist es wegen seines hohen Chloranteils schwer entflammbar. Die Zugabe von Weichmachern hat industriell zwei Grobarten auf den Markt gebracht. Es wird zwischen Hart-PVC und Weich-PVC unterschieden. Bei der harten Variante des Werkstoffes werden keine Weichmacher beigemischt wodurch der Hart-PVC hohe

Festigkeit, Steifigkeit und Härte vorweist. Ein Nachteil von PVC-Werkstoffen ist die Versprödung bei Einsatz während tiefer Temperaturen. Der weiche PVC-Werkstoff weist schlechtere Elektroisolationseigenschaften auf als der harte. [2], S. 96

Wirtschaftlicher Marktanteil

Polyvinylchlorid steht auf dem Kunststoffmarkt an dritter Stelle. Die Nachfrage von PVC (10 % des Marktanteiles) ist aufgrund seiner Anwendungen stark von der Baubranche abhängig. Die geringen Herstellungskosten von PVC finden einen großen Anwendungsbereich in Form von Halbzeugen (Rohrleitungen, Platten, Profile, Kabel) sowie Hartschäumen. [15], S.42 Der Nachteil von PVC liegt aufgrund seiner umweltbelastenden Merkmalen in den Entsorgungskosten [2], S. 97

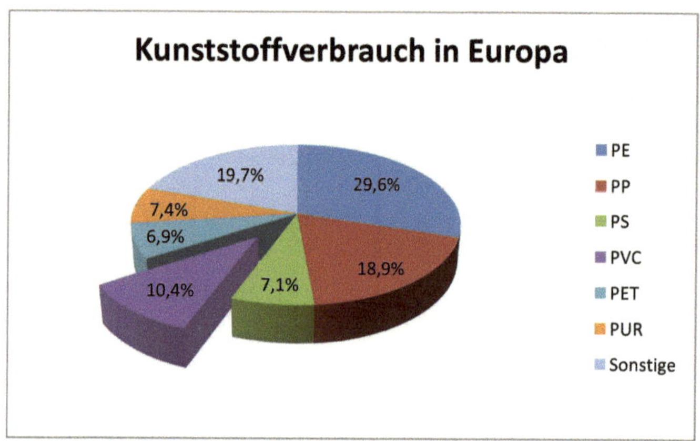

Abbildung 14: Kunststoffverbrauch in Europa (Quelle: modifiziert übernommen aus [7], S16)

2.2 Biobasierte Polymerwerkstoffe

Thermoplaste stellen den größten Markanteil von Kunststoffen dar. Vor allem im Verpackungsbereich nehmen Thermoplaste etwa 40 % der Produktion in Anspruch. Daraus resultierend setzt die Entwicklung von Biokunststoffen deren Fokus auf diesen Markt, um die petrochemisch hergestellten Kunststoffe zu ersetzen. Durch die Verarbeitung von biobasierten Polymeren auf Basis von Stärke, Cellulose und Zucker soll der Grundstoff der petrochemischen Kunststoffe – nämlich Erdöl – abgelöst werden. [22], S.126

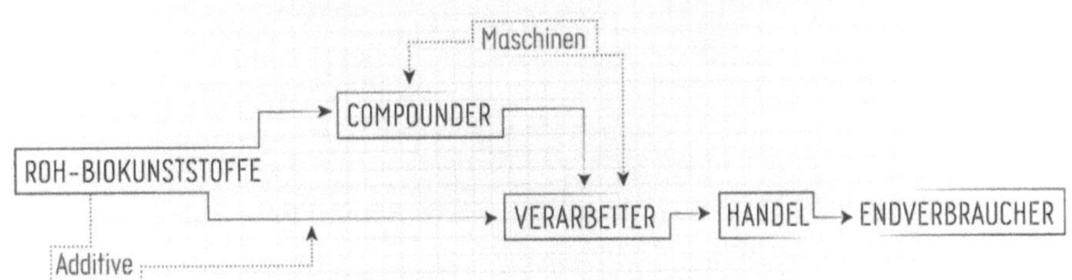

Abbildung 15: Prozesslandkarte Biokunststoffe (Quelle: Eigene Darstellung)

2.2.1 Polylactide (PLA)

Einleitung

Polylactid bildet die Basis für Thermoplaste aus Milchsäure und gehört zur Gruppe der Polyestern.

Die Milchsäure wird aus pflanzlicher Stärke, Cellulose oder Saccharose gewonnen. Der größte Verwendungsbereich der PLA liegt in der Herstellung von Verpackungsmaterialien sowie biokompatiblen Implantaten. Ein weiterer großer Vorteil der PLA ist, dass diese mittels generativer Fertigung verarbeitet werden können. [16]

Herstellung

Das Basismaterial der Polylactide ist Zucker welcher aus pflanzlicher Stärke gewonnen wird. Der darin enthaltene Kohlenstoff wird in Raffinerien mittels Polymerisation, Separation oder Fermentation in Milchsäure umgewandelt. Die benötigten Lactidverbindungen werden in einem weiteren Verarbeitungsprozess – der Schmelzkristallisation – aus den Molekülen gewonnen. [16]

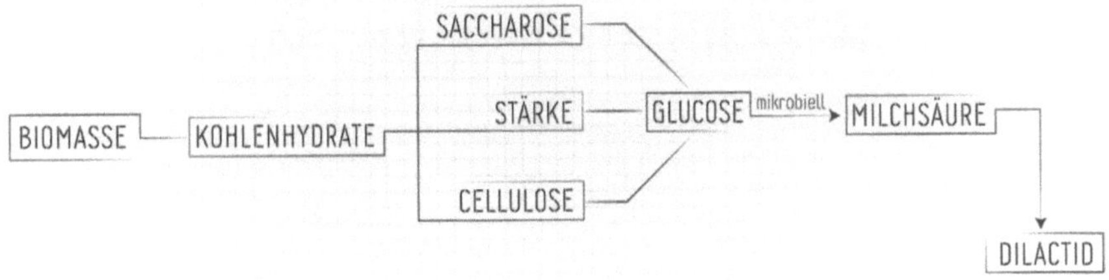

Abbildung 16: Prozesslandkarte Polylactide (Quelle: Eigene Darstellung)

Alternativ zur Polykondensation kann die Herstellung über ionische Polymerisation erfolgen. Hierbei wird das Lactid an Stelle der Milchsäure per Ringöffnungspolymerisation polymerisiert. [17]

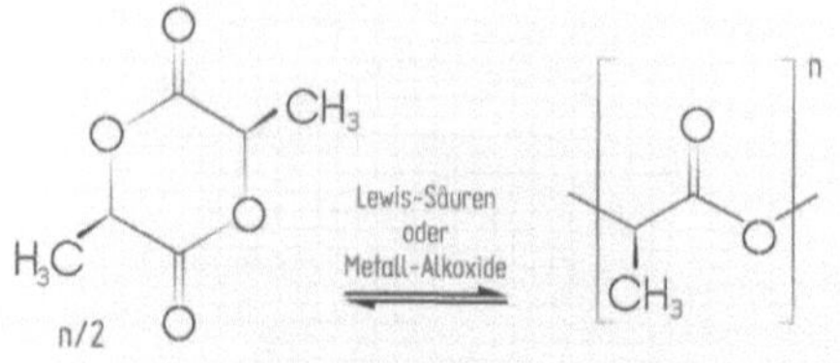

Abbildung 17: Ringöffnungspolymerisation (Quelle: modifiziert übernommen aus [17])

Die Ringöffnungspolyermisation erfolgt bei Temperaturen zwischen 140 und 180 °C mittels Zinnverbindungen als Katalysator. Lactide selbst lassen sich durch Vergärung oder Fermentation von Glukose mit verschiedenen Bakterien herstellen. Die Ringöffnungspolymerisation ist in der industriellen Produktion häufiger anzutreffen, da die Lösungsmittel – welche für die Polykondensation aus Milchsäure benötigt werden – problematisch zu entsorgen sind. [17]

Werkstoffeigenschaften
Polylactid ist durchsichtig und weist dieselben Eigenschaften wie synthetisch hergestellte Thermoplaste auf. Wie einleitend erwähnt, lässt sich Polylactid durch Compounding auf herkömmlichen vorhandenen Anlagen verarbeiten. Polylactid ist geruchsneutral und besitzt eine hohe Kratzfestigkeit sowie Transparenz. Eigenschaften wie Sprödigkeit, Kompostierbarkeit oder Elastizität können im Zuge des Compoundings durch Additive beeinflusst werden.

Wirtschaftlicher Marktanteil
Aus Polylactiden lassen sich verschiedenste Produkte herstellen. Die Erzeugung dieser wird als umweltverträglich und ressourcenschonend beschrieben. Prognosen geben an, dass in den kommenden zehn Jahren bis zu 1,5 Millionen Tonnen Polyester durch Polylactide am Markt ersetzt werden. Das größte Potenzial wird dabei kurzlebigen Verpackungen zugeschrieben. [18]

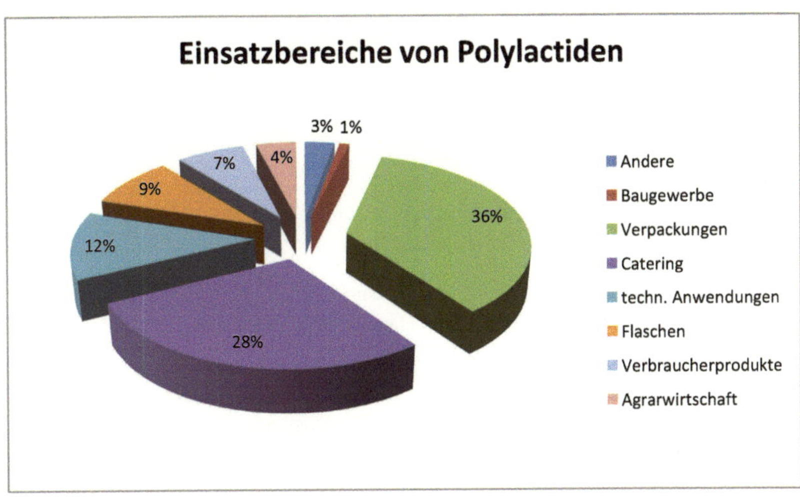

Abbildung 18: Einsatzbereiche von Polylactiden [19]

2.2.2 Thermoplastische Stärke (TPS)

Einleitung

Thermoplastische Stärke ist derzeit der meist verwendete Biokunststoff. Stärke ist neben der Cellulose mit einer weltweiten Produktion von > 45 Millionen Tonnen pro Jahr (davon 10 Millionen Tonnen pro Jahr in Europe) der zweitwichtigste nachwachsende Rohstoff. Der Vorteil der Stärke liegt darin, dass sie als Ausgangsprodukt für viele Polymermischungen eine gute Basis bietet. Diese Mischungen werden als Stärkeblends in der gesamten Industrie verwendet. Als nativer Werkstoff erfüllt Stärke nur die Anforderungen für spezielle Anwendungen wie z.B. als Kapsel in der Pharmaindustrie. [20]

Herstellung

Die Grundstoffe für die Herstellung von Stärke sind Pflanzen wie Mais, Kartoffeln und Weizen. Der Nachteil der Stärke liegt in der Eigenschaft Feuchtigkeit aufzunehmen. Es werden daher meistens Stärkeblends (Mischungen mit anderen Polymeren) hergestellt, bei denen die Stärke nur eine Komponente darstellt. [21] Grundsätzlich bieten sich mit Stärke als Ausgangsprodukt viele Möglichkeiten der Weiterverarbeitung. Für die Erzeugung von thermoplastischer Stärke werden die Stärkekörner destruiert und Additive beigemischt. Dieser Prozess erfolgt in einem Extruder unter Einwirkung von Temperatur, Scherkräften sowie der Beimischung von Wasser. Dieser Prozess erstellt einen Thermoplast auf Basis der Stärkemoleküle Amylopetkin und Amylose. [20]

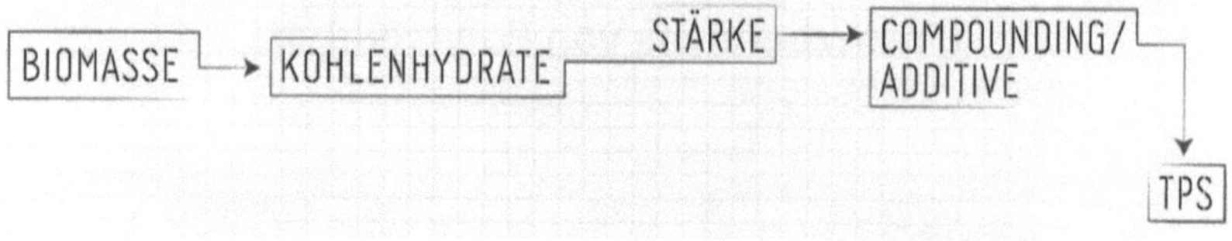

Abbildung 19: Prozesslandkarte thermoplastische Stärke (Quelle: Eigene Darstellung)

Stärke gehört zur organischen Verbindungsgruppe der Glykoside. Sie besteht aus einem löslichen Teil, der Amylose, sowie einem unlöslichen Teil, dem Amylpektin. Der Aufbau besteht aus verknüpften und verzweigten Glucoseketten. [22]

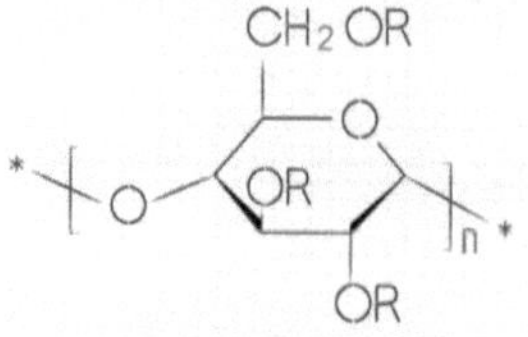

Abbildung 20: Formel für Stärkederivate (Quelle: modifiziert übernommen aus [22])

Der Einsatzbereich der Stärke ist aufgrund der Aufnahme von Wassermolekülen aus der Luft stark eingegrenzt. Abhilfe schaffen hierzu Mischungen oder Modifizierungen mit anderen Polymeren. [22]

Werkstoffeigenschaften

Wie bereits anfangs erwähnt nimmt TPS Wasser aus der Luft auf und ist daher als reiner Werkstoff nur selten in Gebrauch. Chemisch und thermisch modifizierte Stärke weist eine gute und schnelle biologische Abbaubarkeit und Wasserlöslichkeit auf. Sie ist sehr elastisch und sauerstoffdurchlässig. [20]

Wirtschaftlicher Marktanteil

Thermoplastische Stärke ist aufgrund ihrer Eigenschaft Wassermoleküle aus der Luft zu binden in ihrer Ursprungsform nur für kurzlebige Anwendungen brauchbar. Sie wird bevorzugt am Agrarmarkt als Agrarfolie eingesetzt. Im Bereich der Verpackungsindustrie erfolgt der Einsatz als Stärkeblends für die Produktion von Verpackungsfolien, Tragetaschen, Bechern und Windelfolien. [20]

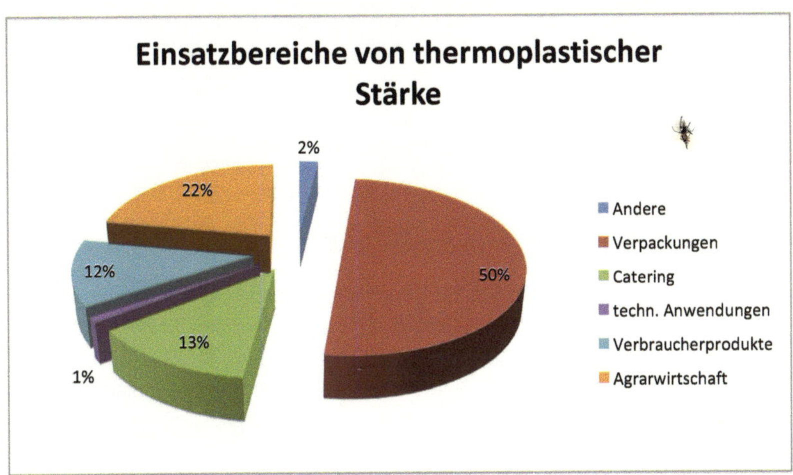

Abbildung 21: Einsatzbereiche von thermoplastischer Stärke

2.2.3 Celluloseacetat (CA)

Einleitung

Wie bereits einleitend erwähnt begann die Kunststoffproduktion aus natürlichen Werkstoffen. Celluloseacetat besteht aus einem abgewandelten Naturstoff und gehört daher zu den ältesten Vertretern der Biokunststoffe und der Thermoplaste. Bereits in den 1920er Jahren wurde CA in der Filmindustrie für Filmrollen verwendet. Damals erfolgte der Umstieg von Celluloid auf CA, da die Verarbeitung einfacher und die Entflammbarkeit geringer ist. Für die Verarbeitung von CA ist die Zugabe von Weichmachern und Lösungsmitteln notwendig. [23]

Herstellung

Die erste Herstellung von CA im industriellen Maßstab erfolgte 1904. 15 Jahre später wurde der Grundstoff durch die Modifizierung mit Weichmachern mittels Spritzgusstechnik verarbeitet. Der Ausgangsstoff ist Cellulose, wobei diese verestert wird. Nach vollständiger Veresterung entsteht Cellulosetriacet, welches ursprünglich das Endprodukt darstellte. Für die Herstellung eines Thermoplastes erfolgt eine weitere Hydrolyse bzw. Verseifung. [23]

Abbildung 22: Prozesslandkarte Celluloseacetat (Quelle: Eigene Darstellung)

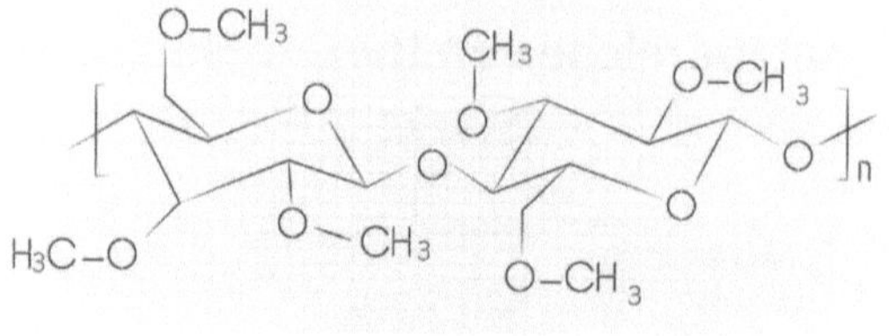

Abbildung 23: Triacetat (Quelle: modifiziert übernommen aus [24])

Für industrielle Anwendungsbereiche ist die vollständige Veresterung der Cellulose hinderlich. Aus diesem Grund wird das zuerst hergestellte Triacetat in weiterer Folge hydrolisiert bzw. verseift, damit ein Teil der Essigsäuremolekole abgespalten wird. Im Durchschnitt endet der Prozess wenn pro Glucosebaustein jeweils nur noch 2 bis 2,5 OH Gruppen vorhanden sind. [24]

<u>Werkstoffeigenschaften</u>

Celluloseacetat ist in organischen Lösungsmitteln löslich. Es lässt sich jedoch im Gegensatz zu reinen Zellulosefasern mittels Spritzguss verarbeiten. Es ist transparent, leicht glänzend und schwer entflammbar. Bei 180 bis 200 °C kann man es thermoplastisch verformen. [25]

<u>Wirtschaftlicher Marktanteil</u>

Celluloseacetat stellt unter den Biokunststoffen trotz seiner breitbandigen Anwendungsmöglichkeiten ein Nischenprodukt dar. Dies basiert auf den hohen Herstellungskosten. Es findet jedoch Anwendungsbereiche in der Bekleidungsindustrie, in Haushaltsgeräten sowie in der Verpackungsindustrie und vereinzelt im Maschinenbau. [23]

3 Vergleich der Polymerarten

3.1 Technische Eigenschaften

1)	2)	3)	4)	6)	10)	
		g/cm^3	N/mm^2	N/mm^2	°C	Quelle
Polyethylen	LDPE	0,92	12	200	-80 - 70	[26]
	HDPE	0,94	25	1000	-80 - 90	[26]
Polypropylen	PP	0,91	33	1300	10 - 100	[26]
Polyvinylchlorid	PVC	1,36	65	3000	-65	[26]
Polylactide	PA	1,24	21 - 60	200 - 4700	50 - 140	[27]
Thermop. Stärke	TPS	1,3	10- 56	600 - 850	k.A.	[28]
Celluloseacetat	CA	1,27	29-58	k.A.	-20 - 70	[29]

1) Material; 2) Kurzbezeichnung nach DIN 7728; 3) Dichte nach DIN 53479; 4) Zugfestigkeit nach DIN 53455; 5) E-Modul DIN 53457; 6) Temperaturbereich

Tabelle 1: technische Eigenschaften (Quelle: [26], [27], [28], [29])

Wir bereits erwähnt können die technischen Eigenschaften der biobasierten Kunststoffe durch Compounding und die Zugabe von Additiven stark variieren. Auffällig ist, mit der Ausnahme von PVC, dass die biobasierten Polymere Grundsätzlich eine höhere Dichte vorweisen.

3.2 Vergleich der Einkaufskosten

Material	Kurzbezeichnung	Preis	Quelle
Polyethylen	LDPE	0,9 € / kg	[30]
	HDPE	1,5 € /kg	[30]
Polypropylen	PP	1,1 € / kg	[30]
Polyvinylchlorid	PVC	0,4 € /kg	[30]
Polylactide	PA	< 3 € / kg	[31]
Thermop. Stärke	TPS	4-5 € / kg	[31]
Celluloseacetat	CA	> 10 € / kg	[31]

Tabelle 2: Kosten der Kunststoffsorten (Quelle: [30], [31])

Aus Tabelle 2 ist ersichtlich, dass der Einkauf von biobasierten Polymerwerkstoffen (als Granulat bzw. Mahlgut) derzeit höher ist als jener für petrochemische Polymerwerkstoffe. Es ist davon auszugehen, dass sich die Preise der Biopolymere mit weiterer Forschungsarbeit an jene der petrochemischen annähern werden. Vereinzelt werben Marktanbieter bereits mit zukünftigen Preisobergrenzen für Polylactide von € 1,00/kg.

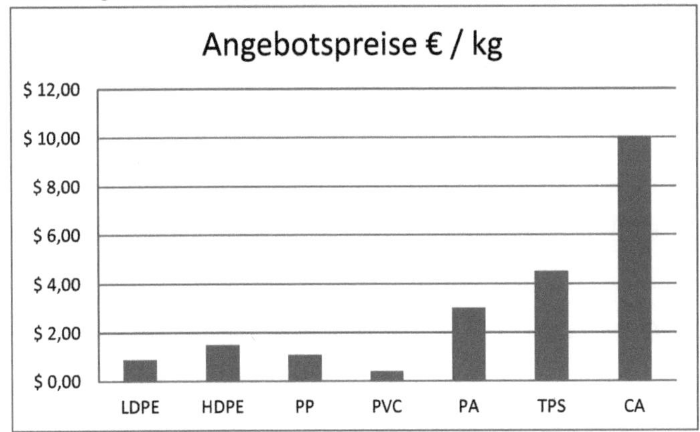

Abbildung 24: Kosten der Kunststoffsorten (Quelle: [30], [31])

3.3 SWOT-Analyse

Zur besseren Einschätzung des wirtschaftlichen Potentials in Österreich wurde eine SWOT-Analyse zur aktuellen Markt-Situation der Biopolymere erstellt.

Strengths	Weakness
•Stärkung der Agrarwirtschaft •Stärkung lokaler Produktion •Beitrag zum Klimaschutz •Versorgungssicherheit in Europa •neue Märkte durch neue Werkstoffe	•aktuell wirtschaftlich teure Herstellung •derzeit nur geringe verfügbare Mengen •Forschung noch jung (Grundlagenstudium)
Opportunities	**Threats**
•Gute Ausgangssituation •Öffnung neuer Anwendungen •Vorteilhafte Werkstoffeigenschaften •Konkurrenzfähig durch Nachhaltigkeit	•enorme Konkurrenz durch US und japanische Hersteller •Nutzungs-Konkurrenzen um nachwachsende Rohstoffe •energetische Nutzung durch nachwachsende Rohstoffe

Tabelle 3: SWOT-Analyse (Quelle: [32])

Aus europäischer Sicht bedeutet die Investition in Biokunststoffe nicht nur einen Beitrag zum Klimaschutz, sondern insbesonders auch die Stärkung der regionalen Agrarwirtschaft. In Konkurrenz zu diesem Aspekt steht die Nutzung von nachwachsenden Rohstoffen in der Energiebranche, welche derzeit ebenso ihre Forschung in nachwachsende Energieträger und in die Reduktion der Umweltbelastung setzt. Europa steht hierbei für beide Märkte in einer guten Ausgangssituation. Dass es sich bei den Biokunststoffen um eine junge Produktgruppe handelt, spiegelt sich in den derzeitigen Preisen (vgl. Tabelle 2: Kosten der Kunststoffsorten) wieder. Um den Markt tatsächlich stärken zu können, müsste vor allem in die Forschungsarbeit investiert werden.

4 Empirische Befragung

Die Datenerhebung durch die empirische Befragung liefert die Daten zur Beantwortung der letzten zwei Forschungsfragen: Wie hoch ist der Bekanntheitsgrad von Biokunststoffen und wie sieht der zukünftige wirtschaftliche Ausblick in Österreich aus? Die offenen Fragen werden im Zuge der nachfolgenden Kapitel beantwortet. Die Befragung wurde online erstellt und per E-Mail am 29.12.2015 ausgeschickt.

4.1 Erstellen der Umfrage

Die Unterteilung des Fragebogens orientiert sich an den – zu Beginn der Arbeit – definierten Zielen:

1.	Ermittlung des Bekanntheitsgrades von Biokunststoffen
2.	Wichtigkeit der Merkmale von Kunststoffen für Konsumenten
3.	Bereitschaft, einen höheren Preis zu bezahlen

Die Ermittlung des Bekanntheitsgrades erfolgt durch einfache Fragestellungen. Ziel ist es herauszufinden, ob Biokunststoffe überhaupt bekannt sind und ob die Befragten den Unterschied zwischen biobasiert und bioabbaubar kennen.

Die Befragten müssen im zweiten Teil der Umfrage gewichten, welche Eigenschaften von Kunststoffen ihnen wichtig erscheinen.

Im dritten Teil der Umfrage wird erörtert, ob eine Änderung des derzeitigen Bekanntheitsgrades von Biokunststoffen zu einem erhöhten Konsumverhalten dieser führen würde.

Nachfolgend ist der gesamte Fragenkatalog aus der Onlineumfrage inklusive der Einleitung sowie einem kurzen Zwischentext enthalten.

Der Titel der Befragung lautet „Konsumentenverhalten zu biobasierten Werkstoffen".

Sehr geehrte Teilnehmer!
Ihre Meinung zu Biokunststoffen ist gefragt!
Die Befragung ist freiwillig und bildet die Basis für eine anonyme Auswertung für die Bachelorarbeit mit dem Thema „Wirtschaftliches Potential ausgewählter Biokunststoffe in Österreich"
Lesen Sie dazu jede Aussage aufmerksam durch und wählen Sie die Antwort aus, die Ihrer Meinung nach am besten passt. Es geht um Ihre eigene Auffassung.

Vielen Dank für Ihre Unterstützung!

Bei allen Bezeichnungen, welche auf Personen bezogen sind, meint die gewählte Formulierung beide Geschlechter, auch wenn aus Gründen der leichteren Lesbarkeit die männliche Form verwendet wird.

1. Frage: Bitte ordnen Sie sich einer Altersgruppe zu

- ☐ 16-24
- ☐ 25-29
- ☐ 30-39
- ☐ 40-49
- ☐ 50-59
- ☐ 60 und älter

2. Frage: Geschlecht

□ männlich
□ weiblich

3. Frage: höchste abgeschlossene Ausbildung

□ Pflichtschule
□ Lehre / Fachschule / Hasch
□ Matura / HTL / HAK
□ Uni / FH

4. Frage: höchste abgeschlossene Ausbildung

□ keine Kinder
□ Kinder

5. Frage: Ist Ihnen die Nachhaltigkeit der von Ihnen erworbenen Produkte ein Anliegen?

□ ja
□ nein

6. Frage: Kennen Sie den Begriff Biokunststoffe?

□ ja
□ nein

7. Frage: Kennen Sie einen Unterschied zwischen "Bioabbaubar" und "Biobasiert"?

□ ja
□ nein

Zwischenseite

Bioabbaubar: „betrifft nur die Entsorgung (z.B. Kompostierung)"
Biobasiert: „betrifft nur die Herstellung / Erzeugung (aus nachhaltigen Rohstoffen)"

---

8. Frage: Konnten Sie den Unterschied zwischen biobasiert und bioabbaubar bei der vorhergehenden Frage korrekt beantworten?

□ ja
□ nein

9. Frage: Biobasiert und Bioabbaubar sind zwei Begriffe, welche eng in Zusammenhang mit Nachhaltigkeit stehen. Wie wichtig sind Ihnen diese Eigenschaften?

1 ... unwichtig
5 ... sehr wichtig

	1	2	3	4	5
Biobasiert	o	o	o	o	o
Bioabbaubar	o	o	o	o	o

10. Frage: Achten Sie beim Erwerb von Produkten auf Nachhaltigkeit?

☐ ja
☐ nein

11. Frage: Trennen Sie Ihren Müll?

☐ ja
☐ nein

12. Frage: Sind Sie bereit, für nachhaltige Produkte mehr Geld auszugeben?

☐ ja
☐ nein

<u>Zwischenseite</u>

Bitte sehen Sie sich folgende Abbildungen an.

---

13. Frage: Kennen Sie eines der angeführten Logos?

☐ ja
☐ nein

14. Frage: Bei den soeben angezeigten Logos handelt es sich um Zertifikate für Biokunststoffe. In Österreich gibt es derzeit keine Kennzeichnung dieser. Würden Sie bevorzugt Produkte mit dieser Zertifizierung kaufen (bzw. darauf achten), wenn es diese Kennzeichnung in Österreich geben würde?

☐ ja
☐ nein

15. Frage: Würden Sie solche Produkte bevorzugt kaufen wenn Sie wüssten, dass der größte Markt der Kunststoffindustrie (40%) aus Verpackungen besteht?

☐ ja
☐ nein

16. Frage: Bitte gewichten Sie folgende Aspekte eines Kunststoffproduktes aus Ihrer persönlichen Sicht.

1 ... unwichtig
5 ... sehr wichtig

	1	2	3	4	5
Preis	o	o	o	o	o
Qualität	o	o	o	o	o
nachwachsende Rohstoff	o	o	o	o	o
nachhaltige Entsorgung	o	o	o	o	o

Lebensdauer	o	o	o	o		o
Hygiene	o	o	o	o		o
Marke	o	o	o	o		o
Regionaler Hersteller	o	o	o	o		o

17. Frage: Wären Biokunststoffe besser gekennzeichnet, würde ich vermehrt darauf achten diese Produkte zu erwerben.

☐ ja

☐ nein

18. Frage: Hätte ich mehr Informationen über Biokunststoffe, würde ich wahrscheinlich vermehrt diese Produkte erwerben.

☐ ja

☐ nein

Tabelle 4: Fragebogen

4.2 Auswertung der Befragung

Im nachfolgenden Abschnitt wird der Fragebogen mittels Tabellen absolut ausgewertet. Die Antworten werden durch die Anzahl sowie durch den Prozentwert tabellarisch dargestellt.

In Summe nahmen 83 Teilnehmer online an der Umfrage teil, wobei vier diese nicht beendet haben. Die Auswertung betrifft nur die 79 Teilnehmer die bei der Umfrage teilgenommen und diese beendet haben.

1. Frage: Bitte ordnen Sie sich einer Altersgruppe zu		
Antwortmöglichkeiten	**Anzahl**	**Prozent**
16-24	23	29,1%
25-29	21	26,6%
30-39	18	22,8%
40-49	7	8,9%
50-59	8	10,1%
60 und älter	2	2,5%
Gesamt:	**79**	**100,0%**

2. Frage: Geschlecht		
Antwortmöglichkeiten	**Anzahl**	**Prozent**
männlich	36	45,6%
weiblich	43	54,4%
Gesamt:	**79**	**100,0%**

3. Frage: höchste abgeschlossene Ausbildung		
Antwortmöglichkeiten	**Anzahl**	**Prozent**
Pflichtschule	0	0,0%

	8	10,1%
Lehre / Fachschule / Hasch	8	10,1%
Matura / HTL / HAK	49	62,0%
Uni / FH	22	27,8%
Gesamt:	**79**	**100,0%**

4. Frage: Kinder

Antwortmöglichkeiten	Anzahl	Prozent
keine Kinder	57	72,2%
Kinder	22	27,8%
Gesamt:	**79**	**100,0%**

5. Frage: Ist Ihnen die Nachhaltigkeit der von Ihnen erworbenen Produkte ein Anliegen?

Antwortmöglichkeiten	Anzahl	Prozent
ja	66	83,5%
nein	13	16,5%
Gesamt:	**79**	**100,0%**

6. Frage: Kennen Sie den Begriff Biokunststoffe?

Antwortmöglichkeiten	Anzahl	Prozent
ja	45	57,0%
nein	34	43,0%
Gesamt:	**79**	**100,0%**

7. Frage: Kennen Sie einen Unterschied zwischen "Bioabbaubar" und "Biobasiert"?

Antwortmöglichkeiten	Anzahl	Prozent
ja	32	40,5%
nein	47	59,5%
Gesamt:	**79**	**100,0%**

8. Frage: Konnten Sie den Unterschied zwischen biobasiert und bioabbaubar bei der vorhergehenden Frage korrekt beantworten?

Antwortmöglichkeiten	Anzahl	Prozent
ja	29	90,6%
nein	3	9,4%
Gesamt:	**32**	**100,0%**

9. Frage: Biobasiert und Bioabbaubar sind zwei Begriffe, welche eng in Zusammenhang mit Nachhaltigkeit stehen. Wie wichtig sind Ihnen diese Eigenschaften?

Attribut	Gewichtung										
	1		2		3		4		5		
	Σ	%	Σ	%	Σ	%	Σ	%	Σ	%	Ø
Biobasiert	4	5,1%	7	8,9%	24	30,4%	23	29,1%	21	26,6%	3,59
Bioabbaubar	6	7,6%	6	7,6%	15	19,0%	23	29,1%	29	36,7%	3,77

1 ... Unwichtig bis 5 ... Sehr wichtig

10. Frage: Achten Sie beim Erwerb von Produkten auf Nachhaltigkeit?

Antwortmöglichkeiten	Anzahl	Prozent
ja	52	65,8%
nein	27	34,2%
Gesamt:	79	100,0%

11. Frage: Trennen Sie Ihren Müll?

Antwortmöglichkeiten	Anzahl	Prozent
ja	67	84,8%
nein	12	15,2%
Gesamt:	79	100,0%

12. Frage: Sind Sie bereit, für nachhaltige Produkte mehr Geld auszugeben?

Antwortmöglichkeiten	Anzahl	Prozent
ja	65	82,3%
nein	14	17,7%
Gesamt:	79	100,0%

13. Frage: Kennen Sie eines der angeführten Logos?

Antwortmöglichkeiten	Anzahl	Prozent
ja	28	35,4%
nein	51	64,6%
Gesamt:	79	100,0%

14. Frage: Bei den soeben angezeigten Logos handelt es sich um Zertifikate für Biokunststoffe. In Österreich gibt es derzeit keine Kennzeichnung dieser. Würden Sie bevorzugt Produkte mit dieser Zertifizierung kaufen (bzw. darauf achten), wenn es diese Kennzeichnung in Österreich geben würde?

Antwortmöglichkeiten	Anzahl	Prozent
ja	67	84,8%
nein	12	15,2%
Gesamt:	79	100,0%

15. Frage: Würden Sie solche Produkte bevorzugt kaufen wenn Sie wüssten, dass der größte Markt der Kunststoffindustrie (40%) aus Verpackungen besteht?

Antwortmöglichkeiten	Anzahl	Prozent
ja	3	27,3%
nein	8	72,7%

Gesamt:		11	100,0%

16. Frage: Bitte gewichten Sie folgende Aspekte eines Kunststoffproduktes aus Ihrer persönlichen Sicht.

Attribut	Gewichtung										
	1		2		3		4		5		
	Σ	%	Σ	%	Σ	%	Σ	%	Σ	%	Ø
Preis	5	6,3%	10	12,7%	26	32,9%	25	31,6%	13	16,5%	3,39
Qualität	8	10,1%	2	2,5%	3	3,8%	18	22,8%	48	60,8%	4,22
nachw. Rohstoff	6	7,6%	8	10,1%	14	17,7%	27	34,2%	24	30,4%	3,7
nachh. Entsorgung	8	10,1%	7	8,9%	11	13,9%	26	32,9%	27	34,2%	3,72
Lebensdauer	5	6,3%	5	6,3%	9	11,4%	27	34,2%	33	41,8%	3,99
Hygiene	6	7,6%	4	5,1%	11	13,9%	24	30,4%	34	43,0%	3,96
Marke	22	27,8%	22	27,8%	21	26,6%	8	10,1%	6	7,6%	2,42
region. Hersteller	10	12,7%	12	15,2%	16	20,3%	25	31,6%	16	20,3%	3,32

17. Frage: Wären Biokunststoffe besser gekennzeichnet, würde ich vermehrt darauf achten diese Produkte zu erwerben.

Antwortmöglichkeiten	Anzahl	Prozent
ja	69	87,3%
nein	10	12,7%
Gesamt:	79	100,0%

18. Frage: Hätte ich mehr Informationen über Biokunststoffe, würde ich wahrscheinlich vermehrt diese Produkte erwerben.

Antwortmöglichkeiten	Anzahl	Prozent
ja	66	83,5%
nein	13	16,5%
Gesamt:	79	100,0%

Tabelle 5: systematische Auswertung der Befragung

5 Ergebnisse und Diskussion der Befragung

In diesem Kapitel werden die erfassten Antworten der Umfrage analysiert. Ergänzend werden Diagramme sowie Detailtabellen verwendet, um das Verständnis zu erleichtern. Da die Fragen 1 bis 4 keine unterschiedlichen Tendenzen bei der Auswertung der nachfolgend angeführten Fragen ergaben, wird auf eine Diskussion sowie einer Auswertung dieser verzichtet.

5.1 Ermittlung des Bekanntheitsgrades und des Verständnisses von Biokunststoffen

Während über drei Viertel (83,5 %) der befragten Personen die Nachhaltigkeit ihrer Produkte als Anliegen angaben, ist nur knapp mehr als der Hälfte (57 %) der Begriff „Biokunststoffe" bekannt.

Abbildung 25: Bekanntheitsgrad von Biokunststoffen (Quelle: Eigene Darstellung)

Ergänzend zu dem relativen hohen Bekanntheitsgrad des Begriffes geben nur noch 41 % an, einen Unterschied zwischen „Bioabbaubar" und „Biobasiert" zu kennen.

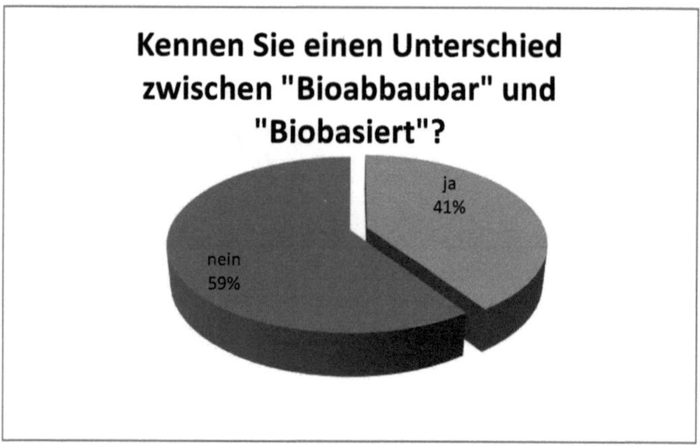

Abbildung 26: Vorhandenes Basiswissen zu Biokunststoffen (Quelle: Eigene Darstellung)

Bei der Betrachtung der einzelnen Werte wird deutlich, dass selbst bei jenen Personen, denen „Biokunststoffe" ein Begriff sind, nur etwa die Hälfte der Teilnehmer ebenso einen Unterschied zwischen diesen Begriffen herstellen kann. Auffallend ist, dass 8 Personen, die den Begriff nicht kannten angaben, den Unterschied zwischen „Bioabbaubar" und „Biobasiert" zu kennen.

Kennen Biokunststoffe	Kennen Sie einen Unterschied zwischen "Bioabbaubar" und "Biobasiert"?					
	Anzahl		Prozent		Anzahl	Prozent
	ja	nein	ja	nein	Gesamt	Gesamt
Ja	24	21	30%	27%	45	57%
Nein	8	26	10%	33%	34	43%
Gesamtergebnis	32	47	41%	59%	79	100%

Tabelle 6: Vorhandenes Grundwissen Biokunststoffe

Unter den 32 Teilnehmern, die diese Frage mit „Ja" beantworteten, stimmten weitere drei nach einer Begriffsdefinition mit „Nein". Das Ergebnis, ob diese Begriffe beim Konsumenten differenziert werden können, fällt daher mit 63 % „Nein" stark negativ aus.

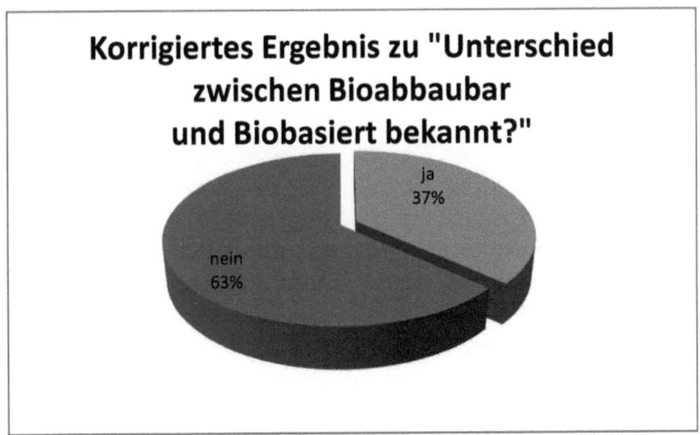

Abbildung 27: Tatsächliches Basiswissen zu Biokunststoffen (Quelle: Eigene Darstellung)

5.2 Ermittlung des Konsumverhaltens

Mithilfe der Fragen 9 bis 18 soll festgestellt werden, welche Aspekte beim Kauf von Produkten dem Konsumenten wichtig sind und ob Biokunststoffe in Zukunft den Markt für sich gewinnen können.

Um dies bewerten zu können, wurde bereits anhand der ersten Frage versucht, die Wichtigkeit der Hauptmerkmale von „Biokunststoffen", „Biobasiert" oder „Bioabbaubar", zu differenzieren.

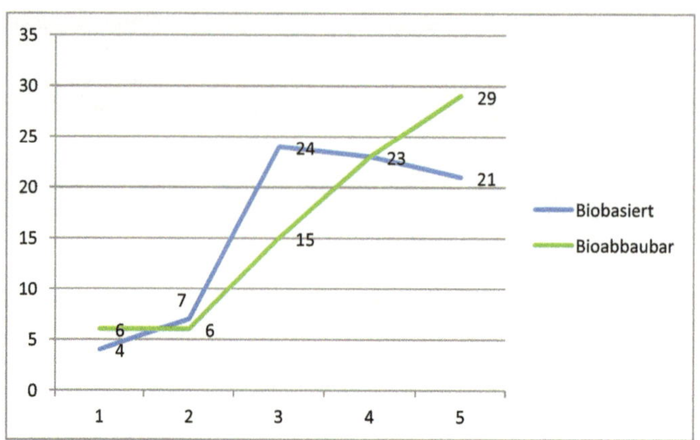

Abbildung 28: Wichtigkeit der Eigenschaften von Biokunststoffen für den Konsumenten (Quelle: Eigene Darstellung)

Die Tatsache, dass die biologische Abbaubarkeit dem Konsumenten großteils als „sehr wichtig", die biologische Basis der Kunststoffe jedoch nur als „bedingt wichtig" erscheint, kann als wirtschaftliche Bremse für Biokunststoffe interpretiert werden. Die derzeitigen EU-Richtlinien erlauben für bioabbaubare Kunststoffe nach 12 Wochen Verrottung noch einen Anteil von zehn Prozent Kunststoffteilchen. Daraus kann interpretiert werden, dass der Großteil der biologisch abbaubaren Kunststoffe darauf ausgelegt ist, in großen Kompostieranlagen verarbeitet oder CO_2-neutral verbannt, anstatt in einem Haushalt kompostiert zu werden.

Abbildung 29: Bereitschaft für nachhaltige Produkte einen höheren Preis zu bezahlen (Quelle: Eigene Darstellung)

Von den befragten 79 Personen wären 65 (82 %) dazu bereit, grundsätzlich mehr Geld für nachhaltige Produkte auszugeben als für solche, die es nicht sind. Aus derzeitiger Sicht mangelt es beim Kaufverhalten der Konsumenten daher an Informationen sowie an der Kennzeichnung der Produkte, da auch eine biobasierte Herstellung von Kunststoffen mit anschließender CO_2-freier Entsorgung als nachhaltig definiert werden kann.

	Wären Sie bereit für zertifizierte Biokunststoffe einen höheren Preis zu bezahlen?					
	Anzahl		**Prozent**		**Anzahl**	**Prozent**
Bereit, für nachhaltige Produkte mehr zu bezahlen.	**ja**	**nein**	**ja**	**nein**	**Gesamt**	**Gesamt**
ja	59	6	75%	8%	65	82%
nein	8	6	10%	8%	14	18%
Gesamtergebnis	**67**	**12**	**85%**	**15%**	**79**	**100%**

Tabelle 7: Bereitschaft zur Akzeptanz höherer Kosten

Aus der Befragung ist weiterhin ersichtlich, dass ebenso Konsumenten, die nicht bereit sind für nachhaltige Produkte einen höheren Preis zu bezahlen, vereinzelt trotzdem zum Kauf von Biokunststoffen neigen würden, insofern diese eine Kennzeichnung in Form eines offiziellen Zertifikates aufweisen. In etwa 65 % der Befragten kannten keine der derzeitig gängigsten Kennzeichnungen für Biokunststoffe, was wiederholt auf fehlende Informationen zurückzuführen ist.

Im nächsten Schritt wurden die Aspekte erörtert, welche dem Konsumenten bei einem Kunststoffprodukt persönlich wichtig sind. Nachfolgend angeführtes Säulendiagramm stellt die Mittelwerte der ausgewerteten Frage 16 dar.

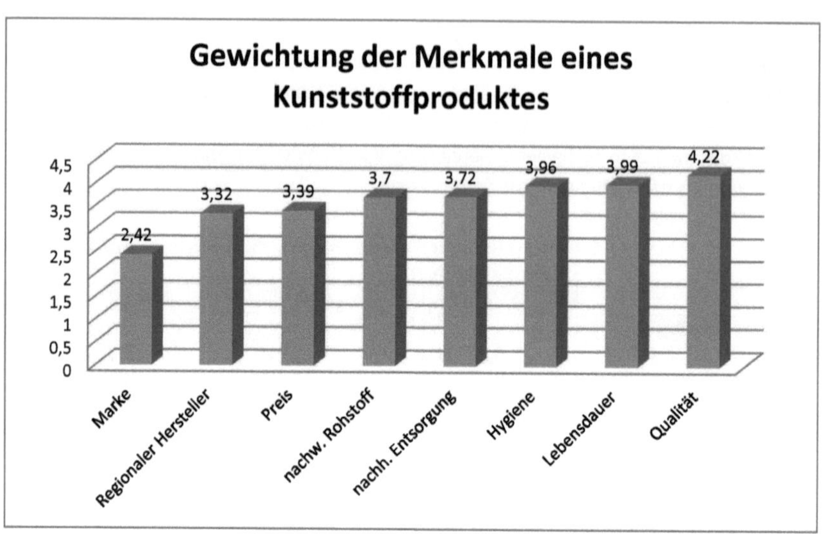

Abbildung 30: Gewichtung der Merkmale von Kunststoffen für den Konsumenten (Quelle: Eigene Darstellung)

Während Qualität mit Abstand das wichtigste Merkmal darstellt, lässt sich aus der Auswertung des Weiteren schließen, dass dem Durchschnittskonsumenten die Nachhaltigkeit (in Form von nachwachsenden Rohstoffen sowie einer nachhaltigen Entsorgung) ein wichtigeres Anliegen darstellt als der Preis. Wirtschaftlich betrachtet können Biokunststoffe, insofern diese dieselbe Qualität, Lebensdauer und Hygienemerkmale wie synthetische Polymerwerkstoffe vorweisen, zu einem höheren Preis am Markt angeboten werden.

Bei den letzten beiden Fragen – betreffend Informationen sowie Kennzeichnungen – würden jeweils mehr als drei Viertel der Befragten vermehrt Biokunststoffe erwerben, insofern sie über diese besser informiert, oder diese besser gekennzeichnet wären.

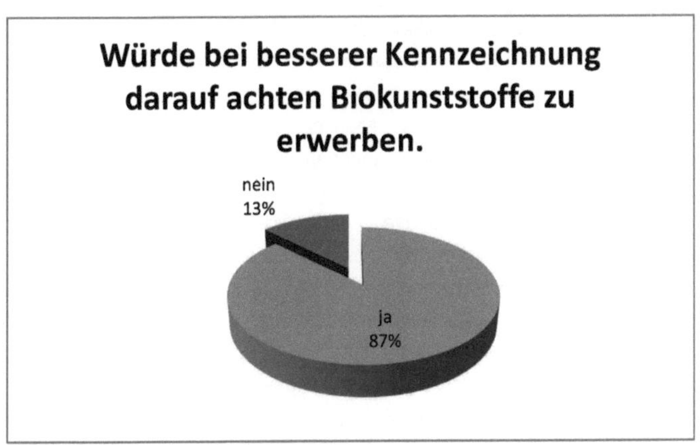

Abbildung 31: Bereitschaft zum Kauf bei besserer Kennzeichnung (Quelle: Eigene Darstellung)

Abbildung 32: Bereitschaft zum Kauf durch Information (Quelle: Eigene Darstellung)

6 Schlusswort

Biobasierte Polymerwerkstoffe befinden sich derzeit am Beginn ihrer Markteroberung. Vor allem aus Sicht des Konsumenten bedarf es Aufklärungsarbeit, damit dieser die neue Stoffgruppe akzeptiert beziehungsweise erkennt. Begriffe wie „Nachhaltigkeit" und „Bio" sind ein wichtiges Marketinginstrument, sollten jedoch im Zuge der Aufklärungsarbeit explizit in „biologisch abbaubar" und „biobasiert" geteilt werden. Im Sinne von Nachhaltigkeit kann es bei biobasierten Kunststoffen auch bedeuten, dass die Produktion und Entsorgung CO_2-frei erfolgt. Eine einheitliche Kennzeichnung dieser einzelnen Eigenschaften erscheint für den Konsumenten als wichtig und ist derzeit nicht oder nicht ausreichend vorhanden. Das derzeitige „Keimling / Seedling" Logo findet kaum Wiederkennungswert und kann als nicht ausreichend detaillierte Kennzeichnung angesehen werden. Der Wunsch des Konsumenten, nachhaltige Produkte zu erhalten, kann als grundsätzlich vorhanden angesehen werden. Aus heutiger Sicht erscheinen biobasierte Polymere aufgrund der hohen Herstellungskosten nur bedingt marktfähig, weshalb neben der Aufklärungsarbeit ebenso die Forschungsarbeit in diesem Bereich intensiv voranzutreiben wäre. Da diese Werkstoffgruppe bereits die Eigenschaften aufweist, die dem Konsumenten wichtig erscheinen und dieser bereits zum jetzigen Zeitpunkt bereit ist, Mehrkosten für diese zu tragen, sollte sich die Forschungsarbeit vorerst auf ein spezielles, dem Konsumenten nahes Marktsegment wie beispielsweise Verpackungen fokussieren. Abseits dieser Tatsachen ist eine zukunftsweisende Umstellung auf biobasierte Kunststoffe aufgrund des Schwindens von petrochemischen Ressourcen ein globales Anliegen, wodurch der weltweite Markt dafür in den letzten Jahren stark zugenommen hat und Zukunftsprognosen hohe Anstiege prognostizieren.

Literaturverzeichnis

[1]   [http://www.plasticseurope.org/Document/plastics---the-facts-2015.aspx?Page=DOCUMENT&FolID=2]

[2]   Handbuch für Technisches Produktdesign: Material und Fertigung, Entscheidungsgrundlagen für Designer und Ingenieure

[3]   http://www.chemie.fu-berlin.de/chemistry/kunststoffe/polyethylen.htm

[4]   http://www.pe-infos.de/herstellung.html

[5]   http://www.chemgapedia.de/vsengine/vlu/vsc/de/ch/6/ac/katalyse/_vlu/olefinpolymerisation.vlu/Page/vsc/de/ch/6/ac/katalyse/ziegler/polymertypen.vscml.html

[6]   http://www.hochschule-trier.de/index.php?id=3249

[7]   PLASTICS_THE_FACTS_2014, www.plasticseurope.org

[8]   http://www.chemie.fu-berlin.de/chemistry/kunststoffe/polypropylen.htm

[9]   http://www.seilnacht.com/Lexikon/k_polypr.html

[10]   http://www.chemgapedia.de/vsengine/vlu/vsc/de/ch/9/mac/andere/polypropylen/polypropylen.vlu/Page/vsc/de/ch/9/mac/andere/polypropylen/pp_techn.vscml.html

[11]   Georg Abts, Kunststoff-Wissen für Einsteiger

[12]   http://www.chemie.fu-berlin.de/chemistry/kunststoffe/polyvinylchlorid.htm

[13]   http://www.seilnacht.com/Lexikon/k_pvc.html

[14]   http://www.chemgapedia.de/vsengine/vlu/vsc/de/ch/9/mac/andere/pvc/pvc.vlu.html

[15]   Josef Ertl, Thomas Brock, Thomas Kufner, Oliver Mieden, Wolfram Prößdorf, Edmund Vogel: Polyvinylchlorid (PVC), Kunststoffe 10/2013

[16]   http://materialarchiv.ch/detail/601

[17]   http://www.chemgapedia.de/vsengine/vlu/vsc/de/ch/9/mac/neu/baw/baw.vlu/Page/vsc/de/ch/9/mac/andere_polymerisationen/kationische/polylactid.vscml.html

[18]   https://www.thyssenkrupp.com/de/produkte/polylactide.html

[19]   http://en.european-bioplastics.org/press/press-pictures/labelling-logos-charts/

[20]   http://www.nachwachsende-rohstoffe.biz/glossar/thermoplastische-starke-tps-starkeblends/

[21]   http://www.greenpromotion.de/lexikon_oeko-wissen_artikel.php?id=15

[22]   http://www.chemgapedia.de/vsengine/vlu/vsc/de/ch/9/mac/neu/baw/baw.vlu/Page/vsc/de/ch/9/mac/neu/baw/staerke.vscml.html

[23]   http://materialarchiv.ch/detail/21

[24]   http://www.chemie.fu-berlin.de/chemistry/kunststoffe/acetat.htm

[25]   http://www.chemie.de/lexikon/Celluloseacetat.html

[26]   http://www.hug-technik.com/inhalt/ta/kunststoff.html

[27]   http://www.natureplast.eu/index.php/en/bioplastics/definitions/pla.html

[28]   http://www.matbase.com/material-categories/natural-and-syntheticpolymers/thermoplastics/agro-based-polymers/material-properties-of-thermoplasticstarch-tps.html

[29]   [http://www.matbase.com/material-categories/natural-and-syntheticpolymers/thermoplastics/agro-based-polymers/material-properties-of-thermoplasticstarch-tps.html]

[30]   http://plasticker.de/preise/preise_monat_single.php

[31]   http://www.fabrikderzukunft.at/nw_pdf/0614_nachwachsende_biopolymere.pdf

[32]   http://www.isi.fraunhofer.de/isi-wAssets/docs/n/de/publikationen/Zukunftsmarkt_Biokunststoffe.pdf

Abbildungsverzeichnis

Abbildung 1: Schema der Polymerisation (Quelle: Eigene Darstellung) 8

Abbildung 2: Kunststoffherstellung (Quelle: Eigene Darstellung) 9

Abbildung 3: Prozesslandkarte Polyethylen (Quelle: Eigene Darstellung) 10

Abbildung 4: Polymerisation von Ethen (Quelle: modifiziert übernommen aus [3]) 10

Abbildung 5: Schematische Struktur von LDPE (Quelle: modifiziert übernommen aus [5]) 11

Abbildung 6: Schematische Struktur von HDPE (Quelle: modifiziert übernommen aus [5]) 11

Abbildung 7: Kunststoffverbrauch in Europa (Quelle: modifiziert übernommen aus [7], S16) 12

Abbildung 8: Prozesslandkarte Polypropylen (Quelle: Eigene Darstellung) 12

Abbildung 9: Polymerisation von Propen (Quelle: modifiziert übernommen aus [8]) 13

Abbildung 10: Strukturen von Polypropylen (Quelle: modifiziert übernommen aus [10]) 13

Abbildung 11: Kunststoffverbrauch in Europa (Quelle: modifiziert übernommen aus [7], S16).... 14

Abbildung 12: Prozesslandkarte Polyvinylchlorid (Quelle: Eigene Darstellung) 15

Abbildung 13: Polymerisation von Vinylchlorid (Quelle: modifiziert übernommen aus [12]).......... 15

Abbildung 14: Kunststoffverbrauch in Europa (Quelle: modifiziert übernommen aus [7], S16).... 16

Abbildung 15: Prozesslandkarte Biokunststoffe (Quelle: Eigene Darstellung) 17

Abbildung 16: Prozesslandkarte Polylactide (Quelle: Eigene Darstellung) 17

Abbildung 17: Ringöffnungspolymerisation (Quelle: modifiziert übernommen aus [17]) 18

Abbildung 18: Einsatzbereiche von Polylactiden [19] 19

Abbildung 19: Prozesslandkarte thermoplastische Stärke (Quelle: Eigene Darstellung) 20

Abbildung 20: Ringöffnungspolymerisation (Quelle: modifiziert übernommen aus [22]) 20

Abbildung 21: Einsatzbereiche von thermoplastischer Stärke 21

Abbildung 22: Prozesslandkarte Celluloseacetat (Quelle: Eigene Darstellung) 21

Abbildung 23: Triacetat (Quelle: modifiziert übernommen aus [24]) 22

Abbildung 24: Kosten der Kunststoffsorten (Quelle: [30], [31]) 23

Abbildung 25: Bekanntheitsgrad von Biokunststoffen (Quelle: Eigene Darstellung) 32

Abbildung 26: Vorhandenes Basiswissen zu Biokunststoffen (Quelle: Eigene Darstellung) 32

Abbildung 27: Tatsächliches Basiswissen zu Biokunststoffen (Quelle: Eigene Darstellung) 33

Abbildung 28: Wichtigkeit der Eigenschaften von Biokunststoffen für den Konsumenten (Quelle: Eigene Darstellung) 34

Abbildung 29: Bereitschaft für nachhaltige Produkte einen höheren Preis zu bezahlen (Quelle: Eigene Darstellung) 34

Abbildung 30: Gewichtung der Merkmale von Kunststoffen für den Konsumenten (Quelle: Eigene Darstellung) 36

Abbildung 31: Bereitschaft zum Kauf bei besserer Kennzeichnung (Quelle: Eigene Darstellung) 37

Abbildung 32: Bereitschaft zum Kauf durch Information (Quelle: Eigene Darstellung) 37

Tabellenverzeichnis

Tabelle 1: technische Eigenschaften (Quelle: [26], [27], [28], [29]) 22
Tabelle 2: Kosten der Kunststoffsorten (Quelle: [30], [31]) 23
Tabelle 3: SWOT Analyse (Quelle: [32]) 24
Tabelle 4: Fragebogen 28
Tabelle 5: systematische Auswertung der Befragung 31
Tabelle 6: Vorhandenes Grundwissen Biokunststoffe 33
Tabelle 7: Bereitschaft zur Akzeptanz höherer Kosten 35

Abkürzungsverzeichnis

PE	Polyethylen
PP	Polypropylen
PVC	Polyvinylchlorid
PLA	Polylactide
TPS	Thermoplastische Stärke
CA	Celluloseacetat
SWOT	strengths, weaknesses, opportunities and threats
HCl	Wasserstoffchlorid